BEI GRIN MACHT SICH IHR WISSEN BEZAHLT

AF173435

- Wir veröffentlichen Ihre Hausarbeit,
  Bachelor- und Masterarbeit

- Ihr eigenes eBook und Buch -
  weltweit in allen wichtigen Shops

- Verdienen Sie an jedem Verkauf

Jetzt bei www.GRIN.com hochladen und kostenlos publizieren

Leo Fiedler

Der Einsatz künstlicher Bewässerungssysteme zur Ertragssteigerung der Landwirtschaft in Kansas

GRIN Verlag

Bibliografische Information der Deutschen Nationalbibliothek:

Die Deutsche Bibliothek verzeichnet diese Publikation in der Deutschen National-bibliografie; detaillierte bibliografische Daten sind im Internet über http://dnb.d-nb.de/ abrufbar.

Impressum:

Copyright © 2012 GRIN Verlag GmbH
Druck und Bindung: Books on Demand GmbH, Norderstedt Germany
ISBN: 978-3-656-15229-3

Dieses Buch bei GRIN:

http://www.grin.com/de/e-book/190161/der-einsatz-kuenstlicher-bewaesserungs-systeme-zur-ertragssteigerung-der

GRIN - Your knowledge has value

Der GRIN Verlag publiziert seit 1998 wissenschaftliche Arbeiten von Studenten, Hochschullehrern und anderen Akademikern als eBook und gedrucktes Buch. Die Verlagswebsite www.grin.com ist die ideale Plattform zur Veröffentlichung von Hausarbeiten, Abschlussarbeiten, wissenschaftlichen Aufsätzen, Dissertationen und Fachbüchern.

Besuchen Sie uns im Internet:

http://www.grin.com/

http://www.facebook.com/grincom

http://www.twitter.com/grin_com

Reinhard-und-Max-Mannesmann-Gymnasium

FACHARBEIT

im

Leistungskurs Erdkunde

Der Einsatz künstlicher Bewässerungssysteme zur Ertragssteigerung der Landwirtschaft in Kansas

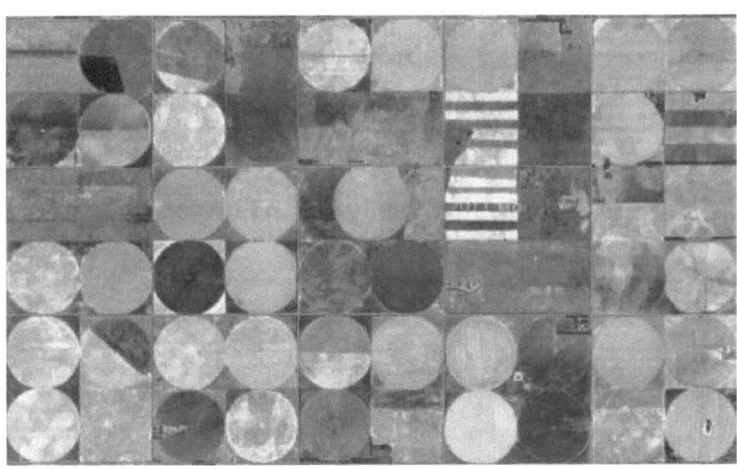

(Quelle: Google Maps)

Verfasser: Leo Fiedler

Jahrgangsstufe: 12

Bearbeitungszeit: 9 Wochen

Inhalt

1. Einleitung

Die Landwirtschaft ist die Hauptnahrungsmittelquelle der Menschheit und damit von großer sozialer, politischer und ökonomischer Bedeutung. Der Ansatz, den erzielten Ertrag durch bestimmte Techniken zu erhöhen und damit die Landwirtschaft ökonomischer arbeiten zu lassen, besteht schon sehr lange. In dieser Facharbeit wird die Technik der künstlichen Bewässerung bearbeitet werden. Zum einen, weil sie die ursprünglichste Form der Ertragssteigerung ist und zum anderen, weil sie weltweit erfolgreich angewendet wird. Die Arbeit ist in drei Teilabschnitte aufgeteilt. Im ersten Abschnitt werden grob die verschiedenen Techniken der Bewässerung erläutert und Vor- und Nachteile aufgeführt. Im zweiten Abschnitt wird der US amerikanische Bundesstaat Kansas beschrieben, welcher ein sehr gutes Beispiel für den großflächigen Einsatz von künstlicher Bewässerung ist. Vor allem im Westen des Staates sind – bis auf ausreichendem Niederschlag - alle Voraussetzung für eine ertragbringende Landwirtschaft gegeben. Hier bietet sich der Einsatz von Bewässerungssystemen hervorragend an, um die ansonsten so guten Rahmenbedingungen zu nutzen. Im dritten Teil wird die Ertragssteigerung durch künstliche Bewässerung erläutert und definiert. Am Beispiel des Körnermais (*Zea mays L.)* wird Vorgehen, Technik und Erfolg der künstlichen Bewässerung dargelegt. Mais wird in großem Stil in Kansas angebaut, was eine Verbindung zwischen dem dritten und dem zweiten Teil schafft.

In der Arbeit werden überwiegend amerikanische Maßeinheiten verwendet, hier die Umrechnung in europäische Einheiten: 1inch = 25.4mm (x 25.4), 1feet = 30.48cm (x 30.48)

Als Quellen wurde sowohl Literatur als auch das Internet verwendet. Vor allem bei ersterem war es sehr schwer, Top aktuelles zu finden.

2. Arten von Bewässerungssystemen

Künstliche Bewässerungssysteme

„Durch Bewässerung versucht der Landwirt, einen mehr oder weniger permanent andauernden oder auch nur sporadisch auftretenden Wassermangel auszugleichen, um Ertragsdepressionen oder völlige Ertragsausfälle zu vermeiden"[1]. Außerdem kann die künstliche Bewässerung unter bestimmten Voraussetzungen die Ertragsmenge erhöhen. Entscheidend für den Erfolg im Bewässerungslandbau ist die Verteilung des Wassers auf der zu bewässernden Fläche. Dabei ist die Wahl des Bewässerungsverfahrens ausschlaggebend.

Es gibt eine Vielzahl von verschiedenen Bewässerungssystemen. Durch technische Neuerungen und moderner Agrar-Forschung verändert sich die Anzahl stetig. Grundsätzlich kann man sie jedoch auf drei Grundtypen zurückführen:

2.1 Oberflächenbewässerung

2.2 Beregnungsbewässerung

2.3 Tropf- oder Mikrobewässerung

Je nach Bodenbeschaffenheit, Wasserangebot, den zu bewässernden Pflanzen, finanziellen Mitteln und Klima sind verschiedene Systeme angebracht (Vergleiche Abb. 1). Die Versalzungsgefahr beschreibt, wie hoch das Risiko ist, dass der Boden durch die Bewässerung übermäßig mit Salz angereichert wird. Eine zu hohe (über 3%) Salzsättigung des Boden bewirkt, dass er unfruchtbar und somit ökonomisch unbrauchbar wird. Besonders in ariden Gebieten kann dies durch die erhöhte Verdunstung schnell passieren.[2] So ist es zum Beispiel weniger sinnvoll bzw. unmöglich, an Bergregionen eine Furchenbewässerung (welche zu den Oberflächenbewässerungen gehört) einzurichten, da sie durch die Steigung nicht richtig arbeiten könnte. [3] „Je größer die Kosten für eine Einheit bereitgestelltes Wasser sind, desto effizientere Verfahren des Wassereinsatzes werden gewählt werden müssen."[4]

---

1 Ehlers (1996), S.234
2 desertifikation.de (unbekannt)
3 Klohn, Windhorst (2000), S.194ff.
4 Ehlers (1996), S.238

2.1 Oberflächenbewässerung

Die Oberflächenbewässerung ist die älteste und ursprünglichste Form des Bewässerungslandbaus. Schon bei den Ägyptern basierte der gesamte Landbau auf die alljährlich wiederkehrende Überflutung des Nils.

Wichtige Voraussetzung für den erfolgreichen Einsatz dieser Methode ist geringes bis kein Gefälle. Außerdem sind schwere Böden besser geeignet, da sie das Wasser nicht zu schnell aufnehmen und somit Versickerungsverluste minimiert werden.

Durch den einfachen Aufbau und den geringen Materialkosten ist die Oberflächenbewässerung die kostengünstigste Variante der Bewässerung.

Beim Flächenüberstau wird Wasser auf eine durch kleine Dämme eingegrenzte Fläche geleitet und kommt dort zum Stillstand, um allmählich zu versickern. Durch das langsame Versickern entsteht eine durchgängige Abwärtsbewegung des Bodenwassers, so dass die Versalzungsgefahr des Oberbodens sehr gering ist. Jedoch ist der Wasserverbrauch, die Gefahr der Bodenverschlämmung und der Verdunstungsverlust sehr hoch. [5]

Ein weitere Technik der Oberflächenbewässerung ist die Flächenbewässerung, bei der das Wasser langsam über die zu bewässernde Fläche, welche leicht geneigt ist (höchstens 2%), geleitet wird und dort möglichst gleichmäßig versickert. Das Feld ist dabei durch parallele Dämme in Streifen unterteilt und ist am Ende, im Gegensatz zum Flächenüberstau, nicht begrenzt, so dass überschüssiges Wasser abfließen kann. Im Idealfall sollte aber am Ende des Bewässerungsstreifen möglichst wenig, bis gar kein Wasser als Überschuss abfließen. [6]

Die Furchenbewässerung ist im weitesten Sinne auch eine Form der Oberflächenbewässerung. Dabei werden in das zu bewässernde Land zahlreiche Furchen gegraben. Auf den dazwischen liegenden Dämmen stehen in der Regel die Nutzpflanzen. Diese Methode ist mit einem relativ großen Arbeitsaufwand verbunden, hat aber auch große Vorteile, wie zum Beispiel die im Vergleich zur Flächenbewässerung und dem Flächenüberstau niedrigeren Verdunstungsverluste. [7][8]

---

5   Klohn, Windhorst (2000), S.194
6   Klohn, Windhorst (2000), S.195
7   Klohn, Windhorst (2000), S.195
8   Achting (1980), S. 332

2.2 Beregnungsbewässerung

Bei der Beregnungsbewässerung wird das Wasser durch Pumpen über Schläuche und Röhren zu der bewässernden Fläche geleitet und imitiert dort durch verschiedene Systeme natürlichen Regen. Aufgrund der gleichmäßigen Verteilung und der guten Kontrollierbarkeit eignet sich dieses System hervorragend, um Agrarchemikalien arbeitsunaufwendig auf die Pflanzen aufzubringen. Die Kosten für Bau und Betrieb dieses Systems sind jedoch sehr hoch.

Als ein beispielhaftes System der Beregnungsbewässerung kann man die Karussellbewässerung nennen. Sie ist eine vor allem in den USA sehr weit verbreitet Methode, bei der das Wasser aus der Mitte des zu bewässernden Kreises über ein sich bewegendes Rohr gleichmäßig auf das Feld verteilt wird. Das Rohr ist dabei mit Rädern bestückt, welche jeweils einen eigenen Antrieb haben (Abb. 2).[9]

2.3 Tropf- oder Mikrobewässerung

Bei der Mikrobewässerung wird das Wasser über einen langen Zeitraum sehr langsam der zu bewässernden Pflanze zugeführt. Es gibt sowohl unter (Abb. 4)- als auch oberirdische (Abb. 3) Systeme, wobei die unterirdischen Systeme wesentlich teurer in der Anschaffung sind. Allgemein kann man feststellen, dass sich die Mikrobewässerung vor allem durch sehr gute und genaue Bewässerung auszeichnet. Durch die exakte Dosierung von Wasser um die Wurzelbereiche herum lassen sich ideale Wachstumsbedingungen für die Pflanze erzeugen. Ein weiterer großer Vorteil ist, dass sich auch Agrarchemikalien sehr genau dosieren lassen und diese nur an die Wurzeln der Pflanze gelangen. Die Mikrobewässerung lässt sich außerdem auch an sehr stark geneigten Flächen gut anbringen.[10]

9 Klohn, Windhorst (2000), S.196
10 Klohn, Windhorst (2000), S.197

3 Landwirtschaft in Kansas

In der Umgangssprache wird Kansas auch der „Brotkorb der Welt" bzw. „Breadbasket of the World" genannt.

3.1 Allgemeines zu Kansas

Der amerikanische Bundesstaat Kansas liegt im mittleren Westen der USA und grenzt an die Staaten Nebraska, Oklahoma, Colorado und Missouri. Kansas erstreckt sich über eine Fläche von 213.096 km² und beherbergt ca. 2,85 mio. Einwohner. Es herrscht überwiegend Kontinentalklima mit heißen Sommern und kalten Wintern. Auch zerstörerische und tödliche Tornados treten aufgrund der Klimaverhältnisse öfters auf. [11]

Schon tausende Jahre bevor sich Europäer Kansas niederließen, lebte eine große Anzahl von amerikanischen Ureinwohnern in den Steppen Kansas'. Sie waren in eine Vielzahl verschiedener Stämme aufgeteilt, welche sich zum Großteil von den enorm großen Massen von Büffeln ernährten. Ureinwohner sowie Büffel wurden jedoch über die Zeit von den Europäer verdrängt oder getötet. Heutzutage findet man nur noch sehr wenige „native americans" und die, die man findet, haben ihren ursprünglichen Lebensstil aufgegeben und sich in die westliche Gesellschaft mehr oder weniger erfolgreich eingegliedert.

Neben der Landwirtschaft ist auch der Flugzeugbau ein großer Wirtschaftszweig. Die größte Stadt Kansas, Wichita, in welcher der Großteil der Flugzeugindustrie angesiedelt ist, wird deshalb auch „Air Capital of the World" genannt.

Durch die vielen Bodenschätze von Kansas (Erdöl, Erdgas, Salz, Gips, Blei- und Zinkerz) ist auch der Bergbau ein bedeutender Wirtschaftsfaktor. [12][13][14]

11 Tornadochaser.com (unbekannt)
12 Netstate.com (2011)
13 City-Data.com (2010)
14 Infoplease.com (2007)

3.1 Bedeutung der Landwirtschaft in Kansas

Seit seiner Besiedlung durch die ersten Europäer prägt die Landwirtschaft in Kansas Kultur, Landschaft, Politik, Lebensgefühl, Alltag und Gesetze.

Einzig die Staaten Montana und Texas haben mehr landwirtschaftlich genutzte Fläche in den USA. Obwohl in der Neuzeit verschiedenen Industrien und Dienstleistungen die Agrarproduktion in ihrem wirtschaftlichem Volumen überholt haben, ist die Landwirtschaft in Kansas weiterhin von herausragender Bedeutung (Abb. 7). Kansas ist Amerikas führender Produzent von Weizen und Rinderfleisch. Damit hat Kansas eine große Bedeutung für die Lebensmittelversorgung der USA und der Welt.[15] Der Bewässerungslandbau wird vor allem im eher trockenem (Abb. 6) Westen des Staates betrieben (Abb. 5).

4 Ertragssteigerung der Landwirtschaft durch den Einsatz künstlicher Bewässerungssysteme

„Unter B. (Bewässerung) versteht man alle Maßnahmen zur Bodenanfeuchtung mit dem Zweck, Pflanzen über den natürlichen Niederschlag hinaus mit Wasser zu versorgen (…) In Trockengebieten wird durch B. der Pflanzenbau erst ermöglicht, in feuchteren Klimagebieten dient die B. zur Sicherung und Steigerung des Ertrags"[16]

4.1 Bewässerungswürdigkeit einer landwirtschaftlichen Kultur

„Der wirtschaftliche Erfolg der Bewässerung wird wesentlich bestimmt durch die dem Bau und Betrieb der Anlage vorausgehende Einsatzplanung. Je vollkommener diese die Standortverhältnisse, den Anbau, die Betriebsstruktur und die Absatzbedingungen erfaßt, desto zuverlässiger lassen sich die Zweckmäßigkeiten und die Wirtschaftlichkeit der Bewässerung abschätzen."[17] Bevor ein Landwirt sich also entscheidet, ob sich die Investition in ein künstliches Bewässerungssystem lohnt, muss er abwägen, ob der Mehrertrag die entstehenden Kosten deutlich übersteigt. Nur dann ist es ökonomisch

15 Kshs.com (2011)
16 Schülerduden Erdkunde (2001), S.36
17 Achting (1980), S.433

sinnvoll. Dies ist vor allem bei hochwertigen Ernteprodukten (z.B. Erdbeeren) der Fall. Als weiterer Faktor zur Beurteilung der Bewässerungswürdigkeit einer Kultur sollte auch die Differenz zwischen Niederschlag und potenzieller Verdunstung, die „klimatische Wasserbilanz", bedacht werden. „Überwiegt die Verdunstung, dann ist die Bilanz negativ und eine zusätzliche Wassergabe zu empfehlen."[18] Schlussfolgernd heißt das, dass in Gebieten mit viel Niederschlag und anderen Wasserreserven im Allgemeinen weniger Wasser für die künstliche Bewässerung benötigt wird. In Gebieten mit sehr wenig oder unregelmäßigem Niederschlag ist die Abhängigkeit von künstlicher Bewässerung hingegen sehr groß. „Eine Paradoxi besteht darin, daß in humiden, kühleren Klimagebieten mit einer Einheit Wasser ein größere Mehrertrag erzielt werden kann als in ariden Gebieten".[19] Das ist insbesondere deshalb ein Problem, weil in Gebieten mit wenig Wasser genau dieses in der Regel sehr teuer ist und Landwirtschaft damit schnell unökonomisch wird.

4.2 Ertragssteigerung durch den Einsatz künstlicher Bewässerung

Die natürliche durch Regen gegebene Wasserversorgung der Pflanzen ist schlecht vorhersehbar, unregelmäßig und unkontrollierbar. Bei einem ungewässerten Feld kann es dadurch gegebenenfalls zu erheblichen Ernteeinbrüchen oder sogar zum Totalverlust der Ernte führen. Bei einem mit einer künstlichen Bewässerungsanlage ausgestatteten Feld oder Plantage kann dies nicht passieren, da kurz- und langfristiger Wassermangel von den Systemen ausgeglichen wird. Es handelt sich quasi um eine „Rückversicherung", bei der der eigentliche Ertrag nicht gesteigert wird, sondern nur Ertragsausfälle und Einbußen durch eine regel- und gleichmäßige Bewässerung verhindert werden. „In welchem Maße der ökonomische Ertrag durch Wassermangel verändert wird, hängt ab von der Intensität und Dauer der Wassermangelsituation, (und) vom Zeitpunkt ihres Auftretens während der Entwicklungsphase der Kulturpflanze (...)."[20]Da es aber äußerst unwahrscheinlich ist, dass die natürliche Bewässerung über den gesamten Zeitraum der Pflanzenentwicklung bis hin zur Ernte eine perfekte und gleichmäßige Wasserversorgung bereitstellen kann, haben künstlich bewässerte Felder einen höheren Ertrag pro Hektar im Vergleich zu konventionellen unbewässerten. Außerdem ist die Pflanzendichte eines Feldes immer den gegeben Wasserbedingungen angepasst und kann durch künstliche Bewässerung

---

18 Achting (1980), S.438
19 Ehlers (1996), S. 234
20 Ehlers (1996) S.171

erheblich gesteigert werden. Bei der Entscheidung, wann und wieviel Wasser bereitgestellt werden muss, damit der Kulturpflanze durchweg genug Wasser zu Verfügung steht und sie zu keinem Zeitpunkt Wassernot oder -stress erleiden muss, sind 3 wichtige Faktoren zu beachten:

- Wasserverfügbarkeit im Boden
- Wasserbedarf der Pflanze
- bestehende natürliche Bewässerung (zum Beispiel Regen)

Ein wichtiges Kriterium bei der Beobachtung des Wassergehaltes im Erdreich ist die Bodenart. Verschiedene Böden haben unterschiedlich große Speicherkapazitäten (Abb. 9). Die Unterschiede können sehr groß sein: sandig, toniger Boden zum Beispiel hat eine Aufnahmefähigkeit von 2.0 in/ft, wohingegen rein lehmiger Boden nur 1.1 in/ft Wasser aufnehmen kann. Der Wassergehalt im Boden lässt sich mit einer Vielzahl von Methoden bestimmen. Sehr weit verbreitet ist der Einsatz von mechanischen Tensiometern, welche in gleichmäßigen Abständen über das Feld verteilt und vom Landwirt regelmäßig überprüft werden.[21]

Der Wasserbedarf und die Fähigkeit, Wasser zu speichern, variiert von Pflanze zu Pflanze. Aus Trockengebieten stammende Pflanzen brauchen von Natur aus weniger Feuchtigkeit im Boden als zum Beispiel tropische Gewächse. Um gezielt und erfolgreich zu bewässern, muss der Landwirt den genauen Wasserbedarf seiner Kulturpflanze kennen. Durch den unterschiedlichen Wasserbedarf der Pflanzen ist es nur sehr beschränkt möglich, Mischkulturen künstlich zu bewässern.

4.3 Ertragssteigerung am Beispiel Mais (*Zea mays L.*)

Mais steht nach Weizen und Reis an dritter Stelle der weltweit angebauten Kulturpflanzen. Er wird sowohl in der direkten Nahrungsmittelindustrie als auch als Futtermittel für Tiere verwendet. Mais ist ein ideales Beispiel für eine Pflanze, bei welcher der Ertrag durch künstliche Bewässerung erheblich gesteigert werden kann. Im hier aufgeführten Beispiel wird von einer Maisplantage in der Nähe von Dodge City, Kansas, mit sandig lehmigem Boden und genetisch unverändertem Mais ausgegangen. Der durchschnittliche

---

21 Rhoads (2000), S.1ff

Monatsniederschlag im Anbauzeitraum (April-August) in dieser Region beträgt 2.86in.[22]

Durch zusätzliche Bewässerung kann „sowohl die Anbaufläche als auch der Hektarertrag und die Gesamtproduktion (…) in wenigen Jahren wesentlich erhöht werden."[23]
Anhand der Grafik kann man gut erkennen, dass Wasserzufuhr und Ertrag im engen Verhältnis zueinander stehen (Abb. 8).
Der wichtigste Faktor bei der künstlichen Bewässerung von Mais liegt in der richtigen Wahl von Menge und Zeitpunkt der Wasserbeigabe.
Das bewurzelte Erdreich kann man sich als eine Art Schwamm vorstellen, je mehr Wasser sich in ihm befindet, desto leichter ist es, Wasser durch „ausquetschen" herauszubekommen. Mit einer sinkenden prozentualen Wassersättigung wird es immer schwerer, ihm die Feuchtigkeit zu entziehen. Die Maispflanze ist fähig, Wasser aus Böden mit einer Wassersättigung von 50% zu beziehen. Sinkt der Wassergehalt jedoch unter diese Marke, erleidet die Pflanze Wasserstress.[24] Dies hat zur Folge, dass der Mais das wenig vorhanden Wasser nicht in die Fruchtausbildung (bzw. Kolbenausbildung) leitet, sondern in die Überlebensprozesse. Das resultiert in erheblichen Ertragseinbußen und so ist jeder Wassermangel (Sättigung des Wasser unter 50%) zu vermeiden. Die Höhe des Ertragsausfalls hängt davon ab, zu welchem Zeitpunkt des Wachstums die Wasserknappheit auftritt (Abb. 11). Die Phase kurz vor und während des Fahnenschiebens ist dabei ein sehr kritischer Punkt und Wassersättigungen unter 50% sind hier extrem schädlich. „Zwei Trockentage mit Bodenfeuchtwerten nahe dem Welkepunkt bewirken während dieser Wachstumsphase 22% Minderertrag; 8 Trockentage reduzieren den Ertrag auf die Hälfte."[25]

Ein Beispiel:
Während des 12-Blatt Stadiums einer Maispflanze reichen die Wurzeln bis zu 2ft (Abb. 10) in das sandig lehmige Erdreich, welches 1.4in Wasser pro ft aufnehmen kann (Abb. 9). Somit kann über den 2ft tiefen Bereich, in welchem sich das Wassereinzugsgebiet der Pflanze befindet, 2.8in Wasser gespeichert werden. Da die Maispflanze eine fünfzig prozentige Bodenwassersättigung braucht, um keinen Wasserstress zu erleiden, muss der Wassergehalt in den ersten 2ft des Erdreiches konstant mindestens 1.4in betragen. Sinkt

22 Rssweather.com (2000)
23 Achting (1998) S.463
24 Rhoads(2000), S.1
25 Achting(1980), S.465

die Feuchtigkeit im Boden, muss der Landwirt künstlich nachbewässern.[26] Bei einem monatlichem Niederschlag von 2.86in ist das sehr wahrscheinlich, da durch Wasseraufnahme der Pflanze, Verdunstung und Versickerung dem Boden konstant Wasser entzogen wird. Ein Anbau ohne künstliche Bewässerung wäre hier sehr unrentabel oder sogar unmöglich.

Aber nicht nur der Ertrag von einzelnen Pflanzen kann durch die künstliche Wasserzugabe erhöht werden, auch die Pflanzendichte auf einem Anbaugebiet kann erheblich gesteigert werden. Denn grundsätzlich sollte die Zahl der pro Hektar stehenden Pflanzen dem natürlichem Wasserangebot angepasst sein. Bewässert man sein Feld jedoch, kann die übliche Bestandsdichte auf unbewässerten Flächen von 2-3 Pflanzen/m² auf bis zu 6-8 Pflanzen/m² hoch gesetzt werden. Damit kann der Landwirt seinen Ertrag vervierfachen.[27]

Als die am besten für den Maisanbau geeignete Bewässerungstechnik hat sich, zumindest in Kansas, die Karussellbewässerung bewährt. Sie verbindet die gleichmäßige Verteilung von Wasser und einen relativ geringen Arbeitsaufwand miteinander. (Auf dem Titelbild wird deutlich, wie sehr dies das Landschaftsbild prägt)

Zusammengefasst kann bei dem Anbau von Mais also sowohl die individuelle Ausbeute pro Pflanze als auch die gesamte Pflanzendichte der Kultur erhöht werden. Beides resultiert in einer erheblich gesteigerten Ernte und einem größeren Ertrag für den Landwirt.

5 Fazit

Nach Bearbeitung des Themas wird sehr deutlich, dass durch das künstliche Hinzufügen von Wasser der Ertrag einer Kultur erheblich gesteigert werden kann. Die künstliche Bewässerung hat sich aber auch als ein sehr komplexes Thema herausgestellt. Mein ursprünglicher Gedanke „wenn man die Blume gießt, dann wächst sie schon" ist deutlich zu kurz und simpel. Das Zusammenspiel von Niederschlag, Bodenbeschaffenheit, Pflanze, Versickerung und Verdunstung ist eine Wissenschaft für sich. Aufgrund dieser Tatsache, und den hohen Anschaffungskosten einer Bewässerungsanlage ist die künstliche Bewässerung leider nicht jedem Landwirt ohne Weiteres zugänglich.

---

26 Rhoads(2000), S.1,2
27 Achting (1980), S.464

Ein weiterer kritisch zu betrachtender Aspekt ist die potenzielle Umweltgefährdung als Folge übermäßiger und falscher Bewässerung. „Künstliche Bewässerung hat den Menschen nicht nur Segen gebracht, sondern in vielen Ländern zur Unfruchtbarkeit der Böden beigetragen, insbesondere durch Bodenversalzung. Fluch und Segen liegen dann dicht beieinander, wenn und weil der Mensch die Folgen seines Handelns nicht in Gänze abschätzen kann. Je stärker er in den Naturhaushalt eingreift, ihn verändert, desto größere Gefährdungen scheinen sich für das abzuzeichnen, was wir gemeinhin als Umwelt bezeichnen, und in welcher der Mensch sich in seiner Zukunftschance im Mittelpunkt sieht."[28]

Das Zitat beschreibt sehr gut, wie schmal der Grad zwischen dem Glanz der Ertragssteigerung und der potenziellen Gefährdung der Umwelt ist. Auch wenn die Ertragssteigerung grundsätzlich als ein sehr positives Vorhaben gesehen werden kann, da sie den Menschen durch weniger Aufwand mehr Nahrung bietet, muss sie in einem Maße geschehen, welcher die Natur nicht unverhältnismäßig beeinflusst und belastet. Das harmonische Zusammenspiel von Ökologie und Ökonomie ist nicht nur ein landwirtschaftliches, sondern ein gesamtgesellschaftliches Problem und ihm sollte, mit Rücksicht auf die Zukunft aller, große Beachtung geschenkt werden.

Abschließen möchte ich meine Facharbeit mit einem sehr passenden englischem Zitat, welches die Paradoxie menschlichen Handels umreißt:

„Man is a complex being: he makes deserts bloom - and lakes die"
Gil Stern

---

28 Ehlers (1996), S.239

6 Anhang

Abb. 1 :

	Oberflächen-bewässerung	Beregnung	Tropf-bewässerung
Verdunstungsverluste	hoch	hoch	gering
Versickerungsverluste	mittel	gering	gering
Wassernutzungseffizienz	40-50%	60-70%	80-90%
Versalzungsgefahr	gering	hoch	gering
Verschlämmungsgefahr	mittel	hoch	mittel
Methanausgasung	ja	nein	nein
Installationskosten	gering	hoch	hoch
Geeignete Böden	schwere Böden, kein Gefälle	alle Böden, kein bis leichtes Gefälle	alle Böden, jedes Gefälle
Mögliche Kulturarten	Stauwasser-tolerante Arten, z.B. Reis	Alle	hauptsächlich Dauerkulturen z.B. Wein, Oliven, Obst aber auch Gemüseanbau

Quelle: academik.ru

Abb. 2 :   Abb. 3 :

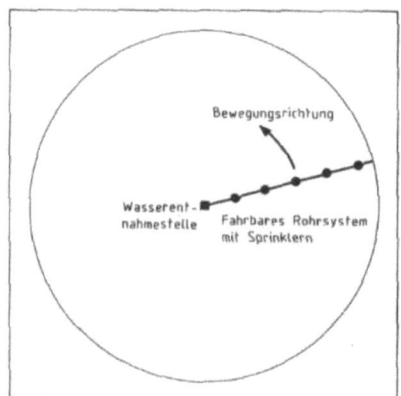

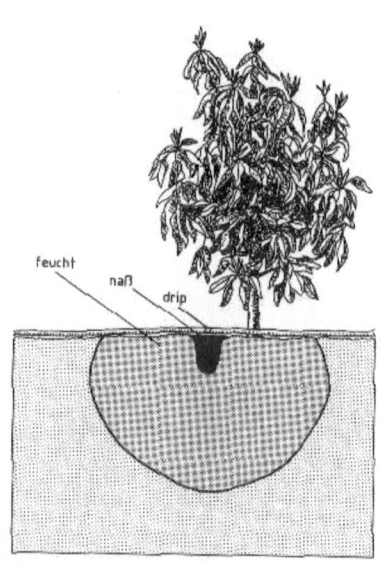

Quelle: Klohn, Windhorst

Quelle: Klohn, Windhorst

Abb. 4 :

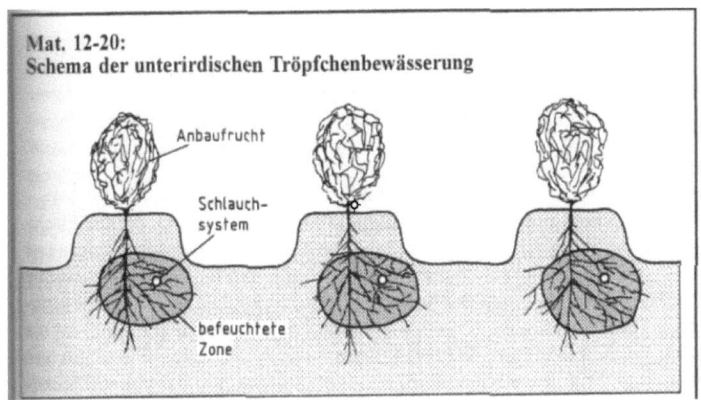

Mat. 12-20:
Schema der unterirdischen Tröpfchenbewässerung

Anbaufrucht

Schlauch-
system

befeuchtete
Zone

Quelle: Klohn, Windhorst

Abb. 5 :

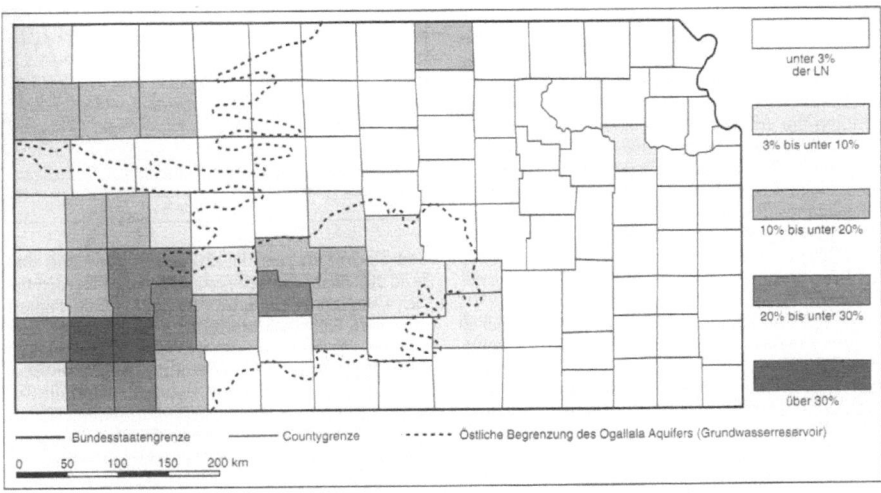

unter 3%
der LN

3% bis unter 10%

10% bis unter 20%

20% bis unter 30%

über 30%

Bundesstaatengrenze   Countygrenze   - - - - - Östliche Begrenzung des Ogallala Aquifers (Grundwasserreservoir)

0   50   100   150   200 km

Künstliche Bewässerung in Kansas   Quelle: Maibach

Abb. 6 :

Abb. 7 :

Month	Precipitation
Jan	0.62in.
Feb	0.66in.
Mar	1.84in.
Apr	2.25in.
May	3.00in.
Jun	3.15in.
Jul	3.17in.
Aug	2.73in.
Sept	1.70in.
Oct	1.45in.
Nov	1.01in.
Dec	0.77in.

In Dodge City, Quelle: rssweather.com

2005

Transportation equipment -- $2,431 million

Processed foods -- $986 million

Computers & electronic products -- $810 million

Machinery manufactures -- $694 million

Chemical manufactures -- $476 million

Crop production – $414 million

Plastic & rubber products -- $154 million

Umsatz der Industrien in Kansas

Quelle: Kansasinc.com

Abb. 8:

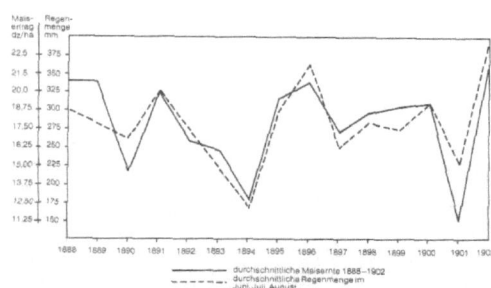

Abb. 316 Summe der Niederschläge in den Monaten Juni, Juli und August und mittlerer Maisertrag im Corn Belt, USA (nach EICHINGER 1926).

Quelle: Achting

Abb. 9 :

Table 1. Available-Water Holding Capacity of Ten Soil Types.

Soil Type	Textural characteristics	Storage capacity
		in./ft.
0	Sandy clay loam	2.0
1	Silty clay loam	1.8
2	Clay loam	1.8
3	Loam	
Low (2%) O.M.	Very fine sandy loam Silt loam	2.0
4	Loam	
High (3%) O.M.	Very fine sandy loam Silt loam	2.5
5	Fine sandy loam	1.8
6	Sandy loam	1.4
7	Loamy sand	1.1
8	Fine sands	1.0
9	Silty clay	
	Clay	1.6

Quelle: Rhoads

Abb. 10 :

Table 3. Average Root Depth of Corn at Various Stage of Growth

Stage of corn development	Assumed root depth*
	feet
12-leaf	2.0
Early tassel (16-leaf)	2.5
Silking	3.0
Blister	3.5
Beginning dent	4.0

*Root development may be restricted to a depth less than that shown due to compaction or limiting layers.

Quelle: Rhoads

Abb. 11 :

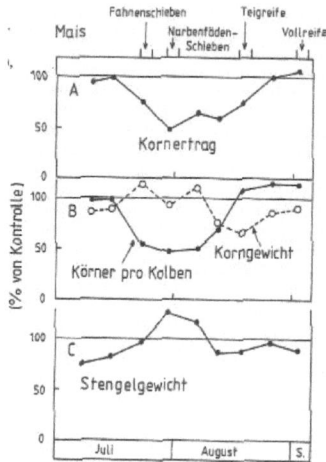

Einfluss von Wasserstress in bestimmten Wachstumsphasen auf
den Mais

Quelle: Ehlers

7 Literaturverzeichnis

academic.ru (online) : Bewässerung, 2008 (update 2011),
http://de.academic.ru/dic.nsf/dewiki/166880 (09.01.12) (Bilderquelle)

Achting, Wolfram (1980) : Bewässerungslandbau : Agrotechnik Grundlagen der Bewässerungwirtschaft, Stuttgart : Ulmer ISBN: 3-8001-2124-7

Astor, Dipl. -Geogr. Ellen (2001) : Schülerduden, Erdkunde II: Ein Lexikon der allgemeinen geographischen Begriffe, Mannheim: Bibliographisches Institut & F.A. Brockhaus AG ISBN: 3-411-71061-6

desertifikation.de (online) : Faktensammlung : Versalzung, Datum unbekannt, http://www.desertifikation.de/fakten_versalzung.html (09.01.12)

Columbia University Press, Kansas Economy (online), (2007), http://www.infoplease.com/ce6/us/A0859092.html (08.01.2012)

Ehlers, Wilfried (1996) : Wasser in Boden und Pflanzen-Dynamik des Wasserhaushalts als Grundlage von Pflanzenwachstum und Ertrag, Stuttgart (Hohenheim) : Ulmer ISBN: 3-8001-4118-3

Kansas Historical Society, Agriculture in Kansas (online), Dezember 1969 (update 2011), http://www.kshs.org/kansapedia/agriculture-in-kansas/14188 (08.01.2012)

Klohn, Werner; Windhorts, Hans-Wilhelm (2000) : Die Landwirtschaft der USA, Vechta: Vechtaer Materialien zum Geographieunterricht ISBN: 3-88441-170-5

Krider, Charles (online) : Trends in Kansas economy 1985 – 2006, August 2006, http://www.kansasinc.org/pubs/working/Trends%20in%20the%20Kansas%20Economy.pdf (09.01.2012) (Bilderquelle)

Maibach, Peter (1997) : Landschaftsgürtel : Ökologie und Nutzung, Braunschweig: Westerman Schulbuchverlag GmbH ISBN: 3-14-151081-4

Nstate, LLC, The Geographie of Kansas (online), 1998 (update 2011), http://www.netstate.com/states/geography/ks_geography.htm (08.01.2012)

rssweather.com, Climate for Dodge City, Kansas (online), 2011, http://www.rssweather.com/climate/Kansas/Dodge%20City/ (08.01.2012)

Rhoads, F.M., Irrigation Sheduling for Corn – Why and How (online), 1991 (update 2000), http://corn.agronomy.wisc.edu/Management/pdfs/NCH20.pdf (08.01.2012)

Strzysch, Marianne; Weiß, Dr. Joachim (2001): Der Brockhaus (BAV-CHI), Leipzig: F.A. Brockhaus GmbH ISBN: 3-7653-1382-3

tornadochaser.com, Kansas Killer Tornados 1879-2007 (online), 2007, http://www.tornadochaser.com/torhist3.htm (08.01.2012)